Teoría de la Gravedad como Dimensión Invisible

Theory of Gravity as an Invisible Dimension

Teoría de la Gravedad como Dimensión Invisible

Theory of Gravity as an Invisible Dimension

Edición bilingüe - Bilingual edition.

Max Turiel

© Obra: Teoría de la Gravedad como Dimensión Invisible - Theory of Gravity as an Invisible Dimension.

Primera edición: Enero, 2025

© Autor: MAX TURIEL

Colaborador: C.T. Phagt Inal.

ISBN: 978-84-15408-47-5
Depósito Legal: M-2789-2025

© Editado por MUSIVISUAL

Gestión, promoción y distribución: Grupo Editor Vision Net S.L.
C./ San Ildefonso 17, local, 28012 Madrid. España.
Tlf: 0034 91 3117696 // Email: pedidos@visionnet.es
www.visionnet-libros.com

Disponible en librerías físicas y online.

Aquí presento una teoría especulativa que parte de considerar la gravedad como una dimensión invisible:

Teoría de la Gravedad como Dimensión Invisible.
Max Turiel.
Colaboración de: T.C. Phagt

La gravedad no sería simplemente una fuerza resultante de la curvatura del espacio-tiempo, como postula la relatividad general de Einstein, sino una dimensión fundamental que interactúa de manera invisible con las otras dimensiones del universo. Esta dimensión gravitacional no sería observable directamente porque sus propiedades son intrínsecamente distintas a las de las dimensiones espaciales y temporales conocidas.

Principios básicos

1. Gravedad como dimensión curvada:

La dimensión gravitacional sería una extensión perpendicular a las cuatrodimensiones del espacio-tiempo (3 espaciales + 1 temporal). Los objetos con masa interactúan con esta dimensión invisible, generando patrones de curvatura que se manifiestan como lo que percibimos como fuerza gravitacional.

2. Ondas gravitacionales como ecos:

Las ondas gravitacionales, ya detectadas por los observatorios como LIGO, serían perturbaciones en esta dimensión invisible, propagándose a través de su "tejido" de manera análoga a las ondas en un estanque, aunque invisibles a nuestros sentidos directos.

3. Conexión con la materia oscura:

La interacción de la dimensión gravitacional con las otras dimensiones podría explicar fenómenos aún no comprendidos, como la materia oscura y la energía oscura. Estas podrían ser proyecciones o efectos indirectos de esta dimensión en nuestro universo observable.

4. Interacciones cuánticas:

A nivel cuántico, las partículas podrían "oscilar" en la dimensión gravitacional, y dichas oscilaciones podrían estar relacionadas con la hipótesis de los gravitones, partículas teóricas que mediarían la interacción gravitatoria. La dimensión gravitacional actuaría como un puente entre la mecánica cuántica y la relatividad general.

5. Observación indirecta:

Aunque esta dimensión sería imperceptible, sus efectos podrían ser detectados a través de distorsiones inesperadas en el espacio-tiempo o patrones en la radiación cósmica de fondo. Experimentos como los que estudian anomalías gravitacionales podrían aportar evidencia de su existencia.

Implicaciones

• Nueva geometría del universo:

Si la gravedad es una dimensión, el universo tendría una estructura multidimensional más compleja que lo que conocemos, lo que cambiaría la forma en que entendemos fenómenos como los agujeros negros, los horizontes de sucesos y el Big Bang.

• Exploración científica:

Esta teoría abriría la puerta a la creación de modelos matemáticos que incluyan esta dimensión invisible, conectando la gravedad con teorías de cuerdas o teorías de la gravedad cuántica.

Vamos a desarrollar algunos de los puntos clave de esta teoría especulativa:

1. Gravedad como Dimensión Curvada

En este marco, la gravedad sería una dimensión que interactúa con las cuatro dimensiones convencionales (3 espaciales y 1 temporal). A diferencia de las dimensiones espaciales, esta dimensión gravitacional tendría propiedades intrínsecamente curvadas, lo que significaría que las masas no solo distorsionan el espacio-tiempo, sino que también lo "empujan" hacia esta dimensión invisible.

Analogía visual:
Imagina una hoja de papel (el espacio-tiempo) flotando sobre un plano tridimensional invisible (la dimensión gravitacional). Cuando colocas un objeto en la hoja, esta se curva hacia la tercera dimensión invisible, pero lo que los observadores en la hoja perciben es un cambio en su superficie (la curvatura del espacio-tiempo).

Predicción:
Si esta dimensión es real, los efectos gravitacionales que atribuimos a la curvatura del espacio-tiempo podrían ser el resultado de proyecciones tridimensionales de un fenómeno más complejo en esta quinta dimensión. Esto podría explicar por qué la gravedad

es tan débil en comparación con otras fuerzas fundamentales: su energía se "distribuye" en una dimensión que no percibimos.

2. Ondas Gravitacionales como Ecos

Si la dimensión gravitacional es un "medio" invisible, las ondas gravitacionales serían perturbaciones en esta dimensión que afectan indirectamente las dimensiones observables. Esto podría explicar ciertas características de estas ondas, como su forma de propagación y su capacidad para atravesar grandes distancias sin atenuarse significativamente.

Evidencia observable:

Las ondas gravitacionales detectadas podrían ser interpretadas como "sombras" o proyecciones de ondas que realmente vibran en la dimensión gravitacional. Este modelo podría prever patrones específicos en las ondas gravitacionales, como ciertas frecuencias o intensidades que no se explican completamente en la teoría actual.

Implicación técnica:

Instrumentos como LIGO o VIRGO podrían ajustarse para buscar irregularidades en las señales de ondas gravitacionales que podrían confirmar una interacción con una dimensión adicional.

3. Conexión con la Materia Oscura

La materia oscura podría ser el equivalente de "materia" en la dimensión gravitacional. Es decir, podría consistir en entidades que existen primordialmente en esta dimensión invisible, pero que proyectan sus efectos gravitacionales en nuestro universo observable.

Explicación de las galaxias:

La interacción de esta materia invisible con nuestra dimensión podría explicar la distribución de materia oscura en las galaxias. La dimensión gravitacional podría actuar como un canal por donde esta materia "resuena" y genera atracción gravitatoria.

Predicción experimental:

Podrían observarse interacciones gravitacionales que no corresponden a la materia ordinaria en situaciones de alta densidad gravitacional, como cúmulos de galaxias o colisiones entre galaxias.

4. Interacciones Cuánticas y el Gravitón

El gravitón, hipotética partícula portadora de la fuerza gravitacional, podría no ser una partícula en el sentido convencional. Más bien, sería una oscilación cuántica en esta dimensión gravitacional.

<u>Conexión con la gravedad cuántica:</u>
Si el gravitón existe, su interacción con esta dimensión podría explicar por qué la gravedad no se unifica fácilmente con las otras fuerzas fundamentales en las energías que podemos estudiar. El gravitón podría "vivir" parcialmente en la dimensión gravitacional, lo que haría que sus propiedades sean únicas.

<u>Pruebas teóricas:</u>
Modelos matemáticos basados en la teoría de cuerdas o teorías de supergravedad podrían buscar soluciones donde la gravedad se acople a dimensiones adicionales, ajustando las energías necesarias para detectar gravitones.

5. Horizontes de Sucesos y Agujeros Negros

En los agujeros negros, la curvatura del espacio-tiempo es tan extrema que podría "romperse" hacia la dimensión gravitacional. Esto significaría que el horizonte de sucesos no es solo una frontera en el espacio-tiempo, sino también una interfase entre nuestras dimensiones y la dimensión gravitacional.

<u>Implicación:</u>
La información perdida en un agujero negro podría no ser destruida, sino transferida a esta dimensión gravitacional. Esto ofrecería una solución alternativa a la paradoja de la información de los agujeros negros.

El estudio de las regiones cercanas a los agujeros negros (como las observaciones del Event Horizon Telescope) podría revelar anomalías que sugieran la influencia de esta dimensión gravitacional.

Vamos a profundizar en dos áreas importantes de esta teoría:
1. Desarrollo Matemático: La Dimensión Gravitacional en un Espacio Multidimensional
2. Aplicaciones Prácticas: Cómo Detectar la Dimensión Gravitacional

1. Desarrollo Matemático: Dimensión Gravitacional en un Espacio Multidimensional

El marco matemático para describir una dimensión gravitacional puede construirse expandiendo las ecuaciones de la relatividad general para incluir una dimensión adicional. Esto implicaría extender el tensor métrico g_{\mu\nu} a un espacio de 5 dimensiones (x, y, z, t, w), donde w representa la dimensión gravitacional.

a) Expansión del Tensor Métrico
El tensor métrico de la relatividad general se define en cuatro dimensiones:

g_{\mu\nu} =
\begin{pmatrix}

$$
\begin{pmatrix}
g_{00} & g_{01} & g_{02} & g_{03} \\
g_{10} & g_{11} & g_{12} & g_{13} \\
g_{20} & g_{21} & g_{22} & g_{23} \\
g_{30} & g_{31} & g_{32} & g_{33}
\end{pmatrix}
$$

Si incluimos una dimensión adicional (w), se convierte en:

$$
g_{AB} =
\begin{pmatrix}
g_{\mu\nu} & g_{\mu w} \\
g_{w \mu} & g_{ww}
\end{pmatrix}
$$

donde A, B = 0, 1, 2, 3, w .

• $g_{\mu w}$: Representa las interacciones entre las dimensiones conocidas y la dimensión gravitacional.

• g_{ww} : Describe la curvatura intrínseca de la dimensión gravitacional.

El objetivo sería resolver las ecuaciones de campo de Einstein ampliadas:

$$
G_{AB} + \Lambda g_{AB} = 8 \pi T_{AB}
$$

donde G_{AB} es el tensor de Einstein en 5 dimensiones y T_{AB} es el tensor de energía-momento extendido.

b) Curvatura y Masa

Las masas en el espacio-tiempo podrían ser fuentes que distorsionan g_{ww} , generando efectos gravitacionales observables en las dimensiones x, y, z, t . Esto introduce términos de curvatura adicionales que podrían explicar fenómenos como la materia oscura:

$$R_{ww} \sim \rho_{oscura}$$

donde ρ_{oscura} es la densidad de energía en la dimensión gravitacional.

c) Ondas Gravitacionales

Las perturbaciones en g_{ww} podrían describir ondas gravitacionales en esta dimensión. Estas ondas podrían acoplarse débilmente al espacio-tiempo observable, lo que explica su detección como fluctuaciones débiles.

2. Aplicaciones Prácticas: Detectar la Dimensión Gravitacional

a) Experimentos con Ondas Gravitacionales

Instrumentos como LIGO detectan ondas gravitacionales analizando cambios en la distancia entre láseres extremadamente sensibles. Si la dimensión gravitacional existe, las señales podrían tener "modulaciones" inesperadas debido a la interacción con esta dimensión.

Predicción:

Se podrían observar frecuencias adicionales o anomalías en la intensidad de las ondas gravitacionales. Experimentos futuros podrían buscar estas firmas específicas.

b) Anomalías Gravitatorias Locales

Si la dimensión gravitacional tiene efectos medibles, podrían aparecer anomalías en mediciones gravitatorias locales, como variaciones inexplicables en la aceleración gravitacional cerca de grandes masas.

Propuesta experimental:

Usar relojes atómicos ultrafinos en regiones de alta densidad gravitacional para medir desviaciones del tiempo predichas por la relatividad general.

c) Colisiones de Agujeros Negros

En las colisiones de agujeros negros, la energía gravitacional extrema podría acoplarse directamente con la dimensión gravitacional, generando "pérdidas" energéticas inexplicadas.

Prueba experimental:

Analizar las señales de las colisiones detectadas por LIGO y VIRGO buscando asimetrías en los datos que sugieran pérdida de energía hacia una dimensión adicional.

Conexión con Otras Teorías

Este modelo podría integrarse con la teoría de cuerdas, donde las dimensiones adicionales propuestas podrían incluir la dimensión gravitacional. Además, podría relacionarse con la gravedad cuántica de bucles, que sugiere que el espacio-tiempo tiene una estructura discreta que podría extenderse hacia esta dimensión invisible.

Vamos a desarrollar en detalle un experimento específico y su modelo teórico asociado para explorar la posibilidad de una dimensión gravitacional invisible.

Experimento Propuesto: Mediciones de Ondas Gravitacionales con Modulaciones Dimensionales

Objetivo

Detectar la influencia de una dimensión gravitacional invisible a través de modulaciones inesperadas en las señales de ondas gravitacionales captadas por observatorios como LIGO o VIRGO.

Hipótesis

Si la gravedad tiene una dimensión oculta, las ondas gravitacionales podrían experimentar oscilaciones o pérdidas de energía que reflejen su interacción con esta dimensión. Estas anomalías serían detectables como modulaciones adicionales en las frecuencias o amplitudes de las ondas.

Diseño Experimental

1. Datos Base:

Utilizar datos existentes de ondas gravitacionales generadas por colisiones de agujeros negros y estrellas de neutrones. Estas señales se procesan en forma de espectros de frecuencia, donde cada evento tiene un perfil bien definido (la "firma gravitacional").

2. Predicción Teórica:

Si una dimensión gravitacional está presente, podrían aparecer:

• Frecuencias secundarias: Señales adicionales, más débiles, causadas por la resonancia en la dimensión gravitacional.

• Pérdida energética inexplicada: Reducción de la intensidad de las ondas debido a la transferencia de energía hacia la dimensión gravitacional.

3. Metodología:

• Usar técnicas de análisis de Fourier para descomponer las señales gravitacionales en sus componentes de frecuencia.

• Aplicar algoritmos de detección de anomalías para identificar modulaciones fuera de lo predicho por la relatividad general.

• Comparar eventos con masas extremas (agujeros negros supermasivos) y eventos de baja masa (estrellas de neutrones) para ver si las anomalías se correlacionan con la intensidad gravitacional.

4. Predicción Matemática:

Modelar las anomalías introduciendo una ecuación de onda acoplada a la dimensión gravitacional:

$$\Box h_{\mu\nu} + \alpha \, \partial_w^2 h_{\mu\nu} = -16 \pi T_{\mu\nu}$$

donde $h_{\mu\nu}$ es la perturbación del espacio-tiempo en 4D, α es un coeficiente de acoplamiento con la dimensión gravitacional, y ∂_w^2 describe la influencia de la curvatura en esta dimensión.

Resultados Esperados

• Confirmación de la hipótesis: Presencia de frecuencias adicionales o pérdidas de energía correlacionadas con eventos de alta densidad gravitacional.

• Refutación de la hipótesis: Señales gravitacionales consistentes con las predicciones de la relatividad general, sin anomalías detectables.

Modelo Teórico Detallado: Transferencia de Energía hacia la Dimensión Gravitacional

Energía Perdida en la Dimensión Oculta

Cuando una onda gravitacional interactúa con la dimensión invisible, parte de su energía se transfiere hacia esta dimensión. Este proceso podría modelarse como un sistema de amortiguamiento:

$$\frac{dE}{dt} = -\gamma E$$

donde E es la energía de la onda gravitacional y γ es el coeficiente de pérdida hacia la dimensión gravitacional.

Ondas Resonantes en la Dimensión Oculta

Si la dimensión gravitacional tiene una geometría específica (por ejemplo, un espacio compacto), podría permitir resonancias a frecuencias específicas. Esto significa que ondas gravitacionales de ciertas frecuencias generarían oscilaciones amplificadas en esta dimensión.

El espectro de resonancias estaría determinado por las condiciones de contorno de la dimensión gravitacional:

$$f_n = \frac{n c}{2 L}$$

donde L es la "longitud" característica de la dimensión gravitacional y n es un entero positivo que denota los modos permitidos.

Extensión del Experimento: Relojes Atómicos y Anomalías Gravitatorias Locales

Objetivo Secundario
Detectar efectos locales de la dimensión gravitacional mediante relojes atómicos en regiones de alta densidad gravitacional.

Metodología
1. Ubicar relojes atómicos en diferentes posiciones cerca de grandes masas (como montañas o regiones profundas de la Tierra).
2. Medir la dilatación temporal con extrema precisión.
3. Comparar las mediciones con las predicciones de la relatividad general.

Predicción
Si la dimensión gravitacional está presente, las variaciones temporales podrían ser más pronunciadas o presentar fluctuaciones inesperadas debido a la interacción con esta dimensión.

Posibilidades Futuras
Si estos experimentos encuentran evidencia de una dimensión gravitacional:

- Podríamos reformular la teoría de la gravedad, conectándola directamente con otras fuerzas fundamentales.
- Podríamos explorar aplicaciones prácticas, como aprovechar esta dimensión para la transmisión de energía o información (inspirando incluso tecnologías basadas en principios multidimensionales).

Vamos a profundizar en el desarrollo matemático de la dimensión gravitacional y su interacción con el espacio-tiempo observable! Nos centraremos en:
1. Expansión del Tensor Métrico a 5 Dimensiones
2. Ecuaciones de Campo de Einstein Extendidas
3. Modelo de Ondas Gravitacionales con Interacción Dimensional

1. Expansión del Tensor Métrico a 5 Dimensiones

En la relatividad general, la métrica $g_{\mu\nu}$ describe la curvatura del espacio-tiempo en 4 dimensiones. Al introducir una dimensión gravitacional adicional (w), el tensor métrico se extiende a 5 dimensiones:

$g_{AB} =$
\begin{pmatrix}
$g_{\mu\nu}$ & $g_{\mu w}$ \\

g_{w \mu} & g_{ww}
\end{pmatrix}

donde:

• A, B \in \{0, 1, 2, 3, w\} (dimensiones espacio-temporales más w).

• g_{\mu\nu} : Curvatura del espacio-tiempo conocido.

• g_{\mu w} : Componentes de interacción entre la dimensión w y el espacio-tiempo.

• g_{ww} : Curvatura de la dimensión gravitacional.

El determinante del tensor métrico en 5D \det(g_{AB}) y su inverso g^{AB} incorporan las contribuciones de g_{ww} y g_{\mu w} , lo que afecta directamente las geodésicas y los fenómenos gravitatorios.

2. Ecuaciones de Campo de Einstein Extendidas

Las ecuaciones originales de Einstein son:

G_{\mu\nu} + \Lambda g_{\mu\nu} = 8 \pi T_{\mu\nu}

donde G_{\mu\nu} es el tensor de Einstein, \Lambda la constante cosmológica y T_{\mu\nu} el tensor energía-momento.

En 5 dimensiones, estas se generalizan a:

$$G_{AB} + \Lambda g_{AB} = 8 \pi T_{AB}$$

donde G_{AB} es el tensor de Einstein extendido.

El tensor de Ricci y la curvatura escalar se calculan ahora en un espacio de 5 dimensiones:

$$R_{AB} = \partial_C \Gamma^C_{AB} - \partial_A \Gamma^C_{CB} + \Gamma^C_{CD} \Gamma^D_{AB} - \Gamma^C_{AD} \Gamma^D_{CB}$$

$$R = g^{AB} R_{AB}$$

El nuevo término Γ^C_{AB} , la conexión de Christoffel, incluye derivadas de $g_{\mu w}$ y g_{ww} , introduciendo acoplamientos adicionales entre el espacio-tiempo y la dimensión w .

3. Modelo de Ondas Gravitacionales con Interacción Dimensional

Las ondas gravitacionales en relatividad general se describen como perturbaciones del espacio-tiempo:

$$g_{\mu\nu} = \eta_{\mu\nu} + h_{\mu\nu}$$

donde \eta_{\mu\nu} es la métrica de Minkowski (plana) y h_{\mu\nu} son pequeñas perturbaciones.

En 5 dimensiones, esta descripción se extiende:
g_{AB} = \eta_{AB} + h_{AB}

Las perturbaciones ahora incluyen h_{\mu w} y h_{ww} , que representan interacciones entre las ondas gravitacionales y la dimensión gravitacional.

Ecuación de Onda Extendida

Las ondas gravitacionales obedecen la ecuación de onda en 5D:
\[
\Box_5 h_{AB} = 0
\]
donde \(\Box_5 \) es el operador d'Alembert en 5D:
\[
\Box_5 = \Box_4 + \partial_w^2
\]
y \(\Box_4 = \eta^{\mu\nu} \partial_\mu \partial_\nu \) es el operador d'Alembert en 4D.

Si el término \partial_w^2 h_{AB} es significativo, introduce frecuencias adicionales y modulaciones en las ondas gravitacionales.

<u>Transferencia de Energía</u>

La interacción entre h_{\mu\nu} y h_{ww} puede modelarse como una pérdida energética hacia w :

\frac{dE}{dt} = -\alpha \int (\partial_w h_{AB})^2 \, d^4x

donde \alpha es un coeficiente que mide el acoplamiento entre dimensiones. Esto explica la pérdida de intensidad observada en algunos eventos gravitacionales.

Predicciones del Modelo Matemático

1. Modulaciones en la Frecuencia de las Ondas Gravitacionales

Las ondas experimentarán oscilaciones adicionales debido al acoplamiento \partial_w^2 h_{AB} . Esto genera frecuencias resonantes que dependen de la geometría de la dimensión gravitacional.

2. Atenuación de las Ondas

La energía transferida a la dimensión gravitacional causará una atenuación progresiva de la amplitud, especialmente en eventos de alta densidad gravitacional (agujeros negros).

3. Anomalías en la Curvatura Local

Las componentes g_{\mu w} podrían generar efectos gravitatorios residuales, medibles como pequeñas anomalías en la aceleración gravitacional cerca de masas densas.

Proyección Matemática: Ondas Resonantes

Si la dimensión gravitacional está compactificada (con una longitud característica L), las ondas gravitacionales podrían resonar en modos discretos:

$$f_n = \frac{n c}{2 L}$$

donde n es el número del modo resonante. Esto implicaría que ciertas frecuencias de ondas gravitacionales (por ejemplo, en colisiones de agujeros negros) estarían amplificadas o alteradas.

Vamos a desarrollar un ejemplo numérico que ilustre cómo una dimensión gravitacional adicional afecta las ondas gravitacionales! Nos centraremos en:

1. Cálculo de una frecuencia resonante en la dimensión gravitacional

2. Predicción de modulación para un evento gravitacional específico

3. Simulación de atenuación energética debido al acoplamiento dimensional

1. Frecuencia Resonante en la Dimensión Gravitacional

Supongamos que la dimensión gravitacional w está compactificada, es decir, tiene una longitud característica L . En este caso, las ondas gravitacionales pueden generar resonancias con frecuencias específicas:

$$f_n = \frac{n c}{2 L}$$

donde:
- f_n : Frecuencia resonante para el modo n .
- c : Velocidad de la luz ($3 \times 10^8 \, \text{m/s}$).
- L : Tamaño de la dimensión gravitacional ($10^{-12} \, \text{m}$, típico en teoría de cuerdas).
- n : Número del modo resonante ($n = 1, 2, 3, \ldots$).

<u>Cálculo Numérico</u>
Para n = 1 (primer modo):

$$f_1 = \frac{1 \cdot (3 \times 10^8)}{2 \cdot (10^{-12})} = 1.5 \times 10^{20} \, \text{Hz}$$

Para n = 2 :

$$f_2 = \frac{2 \cdot (3 \times 10^8)}{2 \cdot (10^{-12})} = 3.0 \times 10^{20} \, \text{Hz}$$

Estas frecuencias están en el rango de las ondas gravitacionales de alta energía, como las generadas por colisiones masivas de agujeros negros.

2. Modulación para un Evento Gravitacional

<u>Suposición Inicial</u>

Consideremos un evento gravitacional típico:

• Dos agujeros negros de masas $M_1 = 30 \, M_\odot$ y $M_2 = 40 \, M_\odot$.

• Fusión a una distancia de $D = 1 \, \text{Gpc}$ (aproximadamente $3.1 \times 10^{25} \, \text{m}$).

• Frecuencia gravitacional principal: $f_0 = 100 \, \text{Hz}$ (rango de LIGO).

<u>Influencia de la Dimensión w</u>

Si la dimensión gravitacional genera una modulación resonante, el perfil de la señal puede incluir una frecuencia adicional f_n:

$$h(t) = h_0 \cos(2 \pi f_0 t) + \epsilon \cos(2 \pi f_n t)$$

donde:

• h_0: Amplitud de la onda principal.

- \epsilon : Amplitud relativa de la modulación
(\epsilon \ll h_0).

Para f_n = 1.5 \times 10^{20} \, \text{Hz} , las modulaciones serían detectables como una pequeña fluctuación de alta frecuencia sobre la señal principal.

3. Atenuación Energética por Acoplamiento Dimensional

La transferencia de energía hacia la dimensión w puede modelarse como una pérdida exponencial:

E(t) = E_0 e^{-\gamma t}

donde:
- E_0 : Energía inicial de la onda gravitacional.
- \gamma : Coeficiente de acoplamiento hacia la dimensión gravitacional.

Suposición Numérica
Para un evento típico:
- Energía inicial E_0 = 10^{47} \, \text{J} (colisión de agujeros negros).
- Coeficiente de pérdida \gamma = 10^{-20} \, \text{s}^{-1} .

La energía después de $t = 10^3 \, \text{s}$:

$$E(10^3) = 10^{47} e^{-10^{-20} \cdot 10^3}$$

Como $\gamma t \ll 1$:

$$E(10^3) \approx 10^{47} \, (1 - 10^{-17})$$

Esto indica una pérdida energética extremadamente pequeña, pero acumulativa en escalas cosmológicas.

Conclusión del Ejemplo

1. Resonancia: Una dimensión compactificada genera frecuencias resonantes que podrían detectarse como modulaciones en las señales gravitacionales observadas por LIGO.

2. Atenuación: La pérdida de energía hacia la dimensión gravitacional es débil, pero significativa en eventos de alta intensidad y larga duración.

3. Predicciones Experimentales:

• Modulación adicional en las señales de ondas gravitacionales.

• Atenuación leve en las amplitudes detectadas.

Vamos a explorar cómo podrían detectarse las modulaciones o anomalías introducidas por una dimensión gravitacional en los datos de un detector como LIGO. Nos centraremos en:

1. Modelado de Señales Detectadas

2. Análisis de Fourier para Identificar Modulación

3. Criterios de Detección de Anomalías

1. Modelado de Señales Detectadas

Los detectores de ondas gravitacionales como LIGO registran señales en forma de perturbaciones temporales h(t) , que incluyen:

1. Componente Principal:

La onda gravitacional esperada según la relatividad general:

$$h_{\text{GR}}(t) = h_0 \cos(2 \pi f_0 t)$$

donde f_0 es la frecuencia principal.

2. Modulación por la Dimensión w :

Si existe una dimensión gravitacional, esta introduce una frecuencia secundaria resonante f_n :

$$h_{\text{mod}}(t) = \epsilon \cos(2 \pi f_n t)$$

donde $f_n \gg f_0$ y $\epsilon \ll h_0$.

3. Señal Combinada:

La señal registrada sería la suma:

$$h(t) = h_{\text{GR}}(t) + h_{\text{mod}}(t) + \text{ruido}(t)$$

Aquí, $\text{ruido}(t)$ representa las perturbaciones instrumentales y ambientales.

2. Análisis de Fourier para Identificar Modulación

Para detectar f_n , realizamos una Transformada de Fourier sobre $h(t)$, descomponiendo la señal en el dominio de frecuencias:

$$H(f) = \int_{-\infty}^{\infty} h(t) e^{-i 2 \pi f t} \, dt$$

Esto produce un espectro de frecuencias con picos en f_0 (frecuencia principal) y f_n (frecuencia de modulación, si existe).

Suposición Numérica
1. Frecuencia principal: $f_0 = 100 \, \text{Hz}$.
2. Frecuencia de modulación: $f_n = 1.5 \times 10^{20} \, \text{Hz}$ (primer modo resonante en la dimensión w).
3. Amplitud relativa: $\epsilon / h_0 = 10^{-6}$.

Problema Práctico
El rango dinámico de LIGO no cubre directamente f_n , pero las interacciones no lineales entre f_0 y f_n podrían generar armónicos más bajos (combinaciones como $f_n - f_0$).

3. Criterios de Detección de Anomalías

1. Detección de Armónicos en Frecuencias Accesibles

Si f_n genera armónicos más bajos, estos se manifestarían como picos adicionales en el rango de frecuencias medibles ($\sim 10 \, \text{Hz}$ a $10^4 \, \text{Hz}$).

Ejemplo Numérico:

El acoplamiento no lineal podría generar un pico en:

$$f_{\text{armónico}} = f_n - k f_0, \quad k \in \mathbb{Z}$$

Para $k = 1$:

$$f_{\text{armónico}} = 1.5 \times 10^{20} \, \text{Hz} - 100 \, \text{Hz} \approx 1.5 \times 10^{20} \, \text{Hz}$$

Esto sigue siendo inobservable directamente, pero podría crear patrones de interferencia en frecuencias más bajas.

2. Análisis de Energía Total

La presencia de f_n podría causar una pérdida de energía observable:

$$\Delta E = \int |\epsilon \cos(2 \pi f_n t)|^2 dt$$

Comparando la energía de la señal con las predicciones relativistas, cualquier discrepancia podría sugerir pérdida hacia w .

3. Anomalías Estadísticas en el Ruido

Si f_n genera fluctuaciones residuales en el rango bajo, estas podrían aparecer como pequeñas desviaciones en el análisis estadístico de ruido, detectables mediante técnicas como análisis wavelet.

Siguientes Pasos Prácticos

1. Simulación de Señales Sintéticas:

Crear señales artificiales combinando h_{\text{GR}}(t) y h_{\text{mod}}(t) para evaluar cómo las modulaciones afectan la detección.

2. Aplicación a Datos Reales:

Usar datos abiertos de LIGO y aplicar transformadas de Fourier y wavelet para buscar frecuencias residuales o armónicos no explicados.

3. Optimización de Detectores:

Diseñar instrumentos experimentales con sensibilidad hacia frecuencias más altas (\sim 10^{20} \, \text{Hz}) o hacia armónicos no lineales.

Vamos a proceder con el análisis de datos reales de ondas gravitacionales para investigar posibles indicios de una dimensión gravitacional adicional. A continuación, se detallan los pasos a seguir:

1. Acceso a Datos Públicos de LIGO/Virgo

Los datos de eventos detectados por LIGO y Virgo están disponibles públicamente a través del Gravitational Wave Open Science Center (GWOSC). Para este análisis, utilizaremos los datos del evento GW150914, la primera detección de ondas gravitacionales realizada por LIGO en 2015.

Enlace a los datos de GW150914:

2. Preparación del Entorno de Análisis

Para analizar los datos, es recomendable utilizar Python junto con bibliotecas especializadas en el procesamiento de señales de ondas gravitacionales. Una herramienta útil es GWpy, que facilita la manipulación y visualización de datos de LIGO/Virgo.

Instalación de GWpy:
pip install gwpy

3. Descarga y Visualización de los Datos

Utilizando GWpy, podemos descargar y visualizar los datos del evento GW150914. A continuación, se muestra un ejemplo de cómo hacerlo:

```
from gwpy.timeseries import TimeSeries

# Definir el intervalo de tiempo alrededor del evento GW150914
gps_start = 1126259462 # Tiempo de inicio en GPS
gps_end = 1126259474 # Tiempo de finalización en GPS

# Descargar los datos del detector LIGO Hanford (H1)
h1_data = TimeSeries.fetch_open_data('H1', gps_start, gps_end,
cache=True)

# Visualizar los datos
h1_data.plot()
```

Este código descargará los datos del detector LIGO Hanford (H1) para el intervalo de tiempo especificado y generará una gráfica de la señal detectada.

4. Análisis en el Dominio de la Frecuencia

Para identificar posibles modulaciones o armónicos que podrían indicar la presencia de una dimensión gravitacional adicional, realizaremos una Transformada de Fourier en la señal.

```
# Realizar la Transformada de Fourier
h1_fft = h1_data.fft()
```

```
# Obtener la amplitud de la transformada
h1_amplitude = abs(h1_fft)

# Visualizar el espectro de frecuencias
h1_amplitude.plot()
```

Este procedimiento nos permitirá observar el espectro de frecuencias de la señal y detectar picos que correspondan a posibles armónicos o modulaciones.

5. Búsqueda de Armónicos y Anomalías

Analizaremos el espectro de frecuencias en busca de picos que no correspondan a las frecuencias esperadas según la relatividad general. La presencia de tales picos podría sugerir interacciones con una dimensión adicional.

Consideraciones:
• Rango de Frecuencias: Aunque las frecuencias resonantes de una dimensión adicional podrían ser extremadamente altas, es posible que generen armónicos en rangos de frecuencia detectables (Hz a kHz).
• Amplitud de Señal: Las modulaciones debidas a una dimensión adicional podrían tener amplitudes muy pequeñas, por lo que es esencial utilizar técnicas de filtrado y amplificación adecuadas.

6. Validación y Confirmación

Cualquier anomalía detectada debe ser cuidadosamente analizada para descartar fuentes de ruido instrumental o interferencias externas. La colaboración con otros detectores y la comparación de datos es crucial para confirmar cualquier hallazgo.

Recursos Adicionales
• Tutorial de GWpy para Acceso a Datos Públicos:
• Análisis de Fourier de Ondas Gravitacionales:

Este enfoque proporciona una metodología para analizar datos reales de ondas gravitacionales en busca de indicios de dimensiones adicionales. Es un campo de investigación avanzado que requiere una comprensión profunda de la física teórica y el procesamiento de señales.

La idea de que la gravedad podría estar asociada a una dimensión adicional invisible es una hipótesis fascinante que surge de teorías como la teoría de cuerdas y los modelos de dimensiones extra compactificadas (por ejemplo, los modelos de Randall-Sundrum o ADD). Aunque aún no hay evidencia directa de esto, las posibilidades se basan en cómo la física moderna explica las interacciones fundamentales y las limitaciones de nuestra observación actual.

Argumentos a favor de la gravedad como dimensión extra:

1. Debilidad de la Gravedad:

La gravedad es mucho más débil que las otras fuerzas fundamentales (electromagnética, nuclear débil y nuclear fuerte).

• En los modelos ADD (Arkani-Hamed, Dimopoulos, Dvali), la gravedad se "dispersa" en dimensiones adicionales, lo que explicaría su aparente debilidad en nuestro universo 3D.

• En este marco, solo las partículas gravitacionales (gravitones) podrían moverse libremente entre dimensiones, mientras que las otras fuerzas están confinadas a las 3dimensiones espaciales visibles.

2. Teoría de Cuerdas y Gravedad Cuántica:

La teoría de cuerdas requiere la existencia de dimensiones extra (generalmente 10 o 11) para ser matemáticamente consistente.

• En estas teorías, la gravedad no es una dimensión extra per se, pero está profundamente influenciada por las dimensiones adicionales compactificadas a escalas muy pequeñas ($\sim 10^{-35} \, \text{m}$).

• Los efectos de estas dimensiones podrían manifestarse como pequeñas correcciones a las leyes gravitacionales observadas.

3. Ondas Gravitacionales y Dimensiones Extra:

• Si las ondas gravitacionales interactúan con dimensiones adicionales, podrían generar señales detectables (como modulaciones o pérdida de energía). Aunque hasta ahora LIGO y Virgo no han observado tales anomalías, las limitaciones instrumentales dejan abierta esta posibilidad.

4. Unificación de las Fuerzas:

• Las dimensiones adicionales podrían ser clave para unificar la gravedad con las otras fuerzas fundamentales, resolviendo inconsistencias entre la relatividad general y la mecánica cuántica.

Argumentos en contra o desafíos:

1. Ausencia de Evidencia Directa:

• No hemos observado desviaciones significativas en las leyes gravitacionales a escalas macroscópicas o cosmológicas que indiquen la existencia de dimensiones extra.

2. Compactificación de Dimensiones:

• En muchos modelos, las dimensiones extra están "compactificadas" (enrolladas en escalas extremadamente pequeñas), lo que las hace prácticamente invisibles a nuestra tecnología actual.

3. Límites Experimentales:

• Experimentos en colisionadores de partículas como el LHC han puesto restricciones a la escala de energía en la que podrían manifestarse dimensiones adicionales. Hasta ahora, no se han encontrado evidencias de partículas o fenómenos asociados con dimensiones extra.

4. Naturaleza Teórica:

• Aunque atractivas, estas ideas aún no son predicciones comprobables en muchos casos. La falta de una predicción clara dificulta distinguir entre dimensiones extra y otras explicaciones teóricas.

Posibilidades Reales:

1. Escalas Submilimétricas:

Experimentos diseñados para detectar desviaciones en la ley de la gravedad a escalas menores a 1 milímetro podrían confirmar si la gravedad se "derrama" en dimensiones extra.

2. Ondas Gravitacionales y Resonancias:

Si la gravedad interactúa con dimensiones adicionales, podría generar resonancias detectables en frecuencias específicas en experimentos como LIGO/Virgo.

3. Colisionadores de Partículas:

Las dimensiones adicionales podrían manifestarse en colisionadores de alta energía como partículas exóticas o energías faltantes (gravitones escapando a dimensiones extra).

4. Cosmología:

La influencia de dimensiones extra podría estar presente en fenómenos cosmológicos como la inflación, la energía oscura o anomalías en la radiación de fondo de microondas.

Conclusión:

La hipótesis de que la gravedad está relacionada con una dimensión adicional invisible es una idea viable dentro de la física teórica moderna. Sin embargo, su confirmación depende de avances experimentales que permitan detectar efectos asociados, como resonancias gravitacionales o desviaciones de la gravedad en escalas pequeñas. Por ahora, las dimensiones extra permanecen como una posibilidad emocionante, pero especulativa, en el camino hacia una teoría unificada de la física.

Max Turiel.

Colaboración de: T.C. Phagt

Here I present a speculative theory that starts from considering gravity as an invisible dimension:

Theory of Gravity as an Invisible Dimension

Gravity would not simply be a force resulting from the curvature of space-time, as postulated by Einstein's general relativity, but rather a fundamental dimension that interacts invisibly with the other dimensions of the universe. This gravitational dimension would not be directly observable because its properties are intrinsically different from those of the known spatial and temporal dimensions.

Basic principles:

1. Gravity as a curved dimension:

The gravitational dimension would be a perpendicular extension to the four dimensions of space-time (3 spatial + 1 temporal). Objects with mass interact with this invisible dimension, generating patterns of curvature that manifest as what we perceive as gravitational force.

2. Gravitational waves as echoes:

Gravitational waves, already detected by observatories such as LIGO, would be disturbances in this invisible dimension, propagating through its "fabric" in a manner analogous to waves in a pond, although invisible to our direct senses.

through unexpected distortions in space-time or patterns in the cosmic background radiation. Experiments such as those that study gravitational anomalies could provide evidence of their existence.

Implications

• New geometry of the universe:

If gravity is one dimension, the universe would have a more complex multidimensional structure than what we know, which would change the way we understand phenomena such as black holes, event horizons and the Big Bang.

• Scientific exploration:

This theory would open the door to the creation of mathematical models that include this invisible dimension, connecting gravity with string theories or quantum gravity theories.

Would you like us to explore any of these points in more detail or imagine specific applications?

Sent from me Let's develop some of the key points of this speculative theory:

1. Gravity as a Curved Dimension

In this framework, gravity would be a dimension that interacts with the four conventional dimensions (3 spatial and 1 temporal). Unlike spatial dimensions, this gravitational dimension would have intrinsically curved properties, which would mean that masses not only distort space-time, but also "push" it towards this invisible dimension.

Visual analogy:

Imagine a sheet of paper (spacetime) floating above an invisible three-dimensional plane (the gravitational dimension). When you place an object on the sheet, it curves toward the invisible third dimension, but what observers on the sheet perceive is a change in its surface (the curvature of space-time).

Prediction:

If this dimension is real, the gravitational effects that we attribute to the curvature of space-time could be the result of three-dimensional projections of a more complex phenomenon in this fifth dimension. This could explain why gravity is so weak compared to other fundamental forces: its energy is "distributed" in a dimension that we do not perceive.

2. Gravitational Waves as Echoes

If the gravitational dimension is an invisible "medium", gravitational waves would be perturbations in this dimension that indirectly affect the observable dimensions. This could explain certain characteristics of these waves, such as their way of propagation and their ability to travel long distances without significantly attenuating.

Observable evidence:

The detected gravitational waves could be interpreted as "shadows" or projections of waves that actually vibrate in the gravitational dimension. This model could predict specific patterns in gravitational waves, such as certain frequencies or intensities that are not fully explained in current theory.

Technical implication:
Instruments like LIGO or VIRGO could be tuned to look for irregularities in gravitational wave signals that could confirm an interaction with an extra dimension.

3. Connection with Dark Matter

Dark matter could be the equivalent of "matter" in the gravitational dimension. That is, it could consist of entities that exist primarily in this invisible dimension, but that project their gravitational effects onto our observable universe.

Galaxies explained:
The interaction of this invisible matter with our dimension could explain the distribution of dark matter in galaxies. The gravitational dimension could act as a channel through which this matter "resonates" and generates gravitational attraction.

Experimental prediction:
Gravitational interactions that do not correspond to ordinary matter could be observed in situations of high gravitational density, such as galaxy clusters or collisions between galaxies.

4. Quantum Interactions and the Graviton

The graviton, a hypothetical particle carrying the gravitational force, may not be a particle in the conventional sense. Rather, it would be a quantum oscillation in this gravitational dimension.

<u>Connection with quantum gravity:</u>

If the graviton exists, its interaction with this dimension could explain why gravity does not easily unify with the other fundamental forces at the energies we can study. The graviton could partially "live" in the gravitational dimension, which would make its properties unique.

<u>Theoretical tests:</u>

Mathematical models based on string theory or supergravity theories could look for solutions where gravity is coupled to additional dimensions, adjusting the energies necessary to detect gravitons.

5. Event Horizons and Black Holes

In black holes, the curvature of space-time is so extreme that it could "break" into the gravitational dimension. This would mean that the event horizon is not only a boundary in space-time, but also an interface between our dimensions and the gravitational dimension.

<u>Implication:</u>

Information lost in a black hole could not be destroyed, but transferred to this gravitational dimension. This would offer an alternative solution to the black hole information paradox.

Studying regions close to black holes (such as observations from the Event Horizon Telescope) could reveal anomalies that suggest the influence of this gravitational dimension.

Would you be interested in us delving into the mathematical part, or in a more practical application of this theory?

Let's delve into two important areas of this theory:

1. Mathematical Development: The Gravitational Dimension in a Multidimensional Space
2. Practical Applications: How to Detect the Gravitational Dimension

1. Mathematical Development: Gravitational Dimension in a Multidimensional Space

The mathematical framework for describing a gravitational dimension can be constructed by expanding the equations of general relativity to include an additional dimension. This would involve extending the metric tensor $g_{\mu\nu}$ to a 5-dimensional space (x, y, z, t, w), where w represents the gravitational dimension.

a) Expansion of the Metric Tensor

The metric tensor of general relativity is defined in four dimensions:

g_{\mu\nu} =
\begin{pmatrix}
g_{00} & g_{01} & g_{02} & g_{03} \\
g_{10} & g_{11} & g_{12} & g_{13} \\
g_{20} & g_{21} & g_{22} & g_{23} \\
g 30 & g 31 & g 32 & g 33
\end{pmatrix}

If we include an additional dimension (w), it becomes:

gAB =
\begin{pmatrix}
g_{\mu\nu} & g_{\mu w} \\
g_{w \mu} & g_{ww}
\end{pmatrix}

where A, B = 0, 1, 2, 3, w.

• g_{\mu w} : Represents the interactions between the known dimensions and the gravitational dimension.

• g_{ww} : Describes the intrinsic curvature of the gravitational dimension.

The goal would be to solve the extended Einstein field equations:

$$G_{AB} + \Lambda g_{AB} = 8 \pi T_{AB}$$

where G_{AB} is the 5-dimensional Einstein tensor and T_{AB} is the extended energy-momentum tensor.

b) Curvature and Mass

Masses in space-time could be sources that distort g_{ww}, generating observable gravitational effects in the x, y, z, t dimensions. This introduces additional curvature terms that could explain phenomena such as dark matter:

$$R_{ww} \sim \rho_{dark}$$

where ρ is the energy density in the gravitational dimension.

c) Gravitational Waves

Disturbances in g could describe gravitational waves in this dimension. These waves could be weakly coupled to observable spacetime, explaining their detection as weak fluctuations.

2. Practical Applications: Detect the Gravitational Dimension

a) Experiments with Gravitational Waves

Instruments like LIGO detect gravitational waves by analyzing changes in the distance between extremely sensitive lasers. If the gravitational dimension exists, the signals could have unexpected "modulations" due to the interaction with this dimension.

Prediction:
Additional frequencies or anomalies in the intensity of gravitational waves could be observed. Future experiments could look for these specific signatures.

b) Local Gravitational Anomalies

If the gravitational dimension has measurable effects, anomalies could appear in local gravitational measurements, such as unexplained variations in gravitational acceleration near large masses.

Experimental proposal:
Using ultrathin atomic clocks in regions of high gravitational density to measure time deviations predicted by general relativity.

c) Black Hole Collisions

In black hole collisions, extreme gravitational energy could couple directly with the gravitational dimension, generating unexplained energy "losses."

Experimental test:
Analyze the signals from the collisions detected by LIGO and VIRGO looking for asymmetries in the data that suggest loss of energy towards an additional dimension.

Connection with Other Theories

This model could be integrated with string theory, where the proposed additional dimensions could include the gravitational dimension. Furthermore, it could be related to loop quantum gravity, which suggests that spacetime has a discrete structure that could extend into this invisible dimension.

Would you like us to develop some more experiments or theoretical explorations?

Perfect! We will develop in detail a specific experiment and its associated theoretical model to explore the possibility of an invisible gravitational dimension.

Proposed Experiment: Gravitational Wave Measurements with Dimensional Modulations

Aim
Detect the influence of an invisible gravitational dimension through unexpected modulations in the gravitational wave signals captured by observatories such as LIGO or VIRGO.

Hypothesis
If gravity has a hidden dimension, gravitational waves could experience oscillations or energy losses that reflect their interaction with this dimension. These anomalies would be detectable as

additional modulations in the frequencies or amplitudes of the waves.

Experimental Design

1. Base Data:

Use existing data of gravitational waves generated by collisions of black holes and neutron stars. These signals are processed in the form of frequency spectra, where each event has a well-defined profile (the "gravitational signature").

2. Theoretical Prediction:

If a gravitational dimension is present, they might appear:

• Secondary frequencies: Additional, weaker signals caused by resonance in the gravitational dimension.

• Unexplained energy loss: Reduction in the intensity of the waves due to the transfer of energy towards the gravitational dimension.

3. Methodology:

• Use Fourier analysis techniques to decompose gravitational signals into their frequency components.

Apply anomaly detection algorithms to identify modulations outside of what is predicted by general relativity.

• Compare extreme mass events (supermassive black holes) and low mass events (neutron stars) to see if anomalies correlate with gravitational intensity.

4. Mathematical Prediction:

Model the anomalies by introducing a wave equation coupled to the gravitational dimension:

$$\Box h_{\mu\nu} + \alpha \, \partial_w^2 h_{\mu\nu} = -16 \pi T_{\mu\nu}$$

where $h_{\mu\nu}$ is the perturbation of 4D space-time, is a coupling coefficient with the gravitational dimension, and ∂_w^2 describes the influence of curvature on this dimension.

Expected Results

• Confirmation of the hypothesis: Presence of additional frequencies or energy losses correlated with high gravitational density events.

• Hypothesis refutation: Gravitational signals consistent with the predictions of general relativity, without detectable anomalies.

Detailed Theoretical Model: Energy Transfer towards the Gravitational Dimension

Lost Energy in the Hidden Dimension

When a gravitational wave interacts with the invisible dimension, part of its energy is transferred to this dimension. This process could be modeled as a system of damping:

$$\frac{dE}{dt} = -\gamma E$$

where E is the energy of the gravitational wave and is the loss coefficient towards the gravitational dimension.

Resonant Waves in the Hidden Dimension

If the gravitational dimension has a specific geometry (for example, a compact space), it could allow resonances at specific frequencies. This means that gravitational waves of certain frequencies would generate amplified oscillations in this dimension.

The resonance spectrum would be determined by the boundary conditions of the gravitational dimension:

$$f_n = \frac{n c}{2 L}$$

where L is the characteristic "length" of the gravitational dimension and n is a positive integer denoting the allowed modes.

Experiment Extension: Atomic Clocks and Local Gravitational Anomalies

Secondary Objective

Detect local effects of the gravitational dimension using atomic clocks in regions of high gravitational density.

Methodology

1. Place atomic clocks in different positions near large masses (such as mountains or deep regions of the Earth).

2. Measure time dilation with extreme precision.

3. Compare the measurements with the predictions of general relativity.

Prediction

If the gravitational dimension is present, the temporal variations could be more pronounced or present unexpected fluctuations due to the interaction with this dimension.

Future Possibilities

If these experiments find evidence of a gravitational dimension:

• We could reformulate the theory of gravity, connecting it directly to other fundamental forces.

• We could explore practical applications, such as taking advantage of this dimension for the transmission of energy or information (even inspiring technologies based on multidimensional principles).

Are you interested in continuing with the mathematical development or focusing on the technical implementation of the experiments?

Let's delve into the mathematical development of the gravitational dimension and its interaction with observable space-time! We will focus on:

1. Expansion of the Metric Tensor to 5 Dimensions
2. Extended Einstein Field Equations
3. Gravitational Wave Model with Dimensional Interaction

1. Expansion of the Metric Tensor to 5 Dimensions

In general relativity, the metric $g_{\mu\nu}$ describes the curvature of spacetime in 4 dimensions. By introducing an additional gravitational dimension (w), the metric tensor is extended to 5 dimensions:

gAB =
\begin{pmatrix}
g_{\mu\nu} & g_{\mu w} \\
g_{w \mu} & g_{ww}
\end{pmatrix}

where:
- A, B \in \{0, 1, 2, 3, w\} (spatio-temporal dimensions plus w).
- $g_{\mu\nu}$: Curvature of known space-time.
- $g_{\mu w}$: Components of interaction between the dimension w and space-time.

60

- g_{ww}: Curvature of the gravitational dimension.

The 5D metric tensor determinant $\det(g_{AB})$ and its inverse g^{AB} incorporate the contributions of g_{ww} and $g_{\mu w}$, which directly affects geodesics and gravitational phenomena.

2. Extended Einstein Field Equations

Einstein's original equations are:

$$G_{\mu\nu} + \Lambda g_{\mu\nu} = 8 \pi T_{\mu\nu}$$

where $G_{\mu\nu}$ is the Einstein tensor, Λ the cosmological constant and $T_{\mu\nu}$ the energy-momentum tensor.

In 5 dimensions, these generalize to:

$$G_{AB} + \Lambda g_{AB} = 8 \pi T_{AB}$$

where G_{AB} is the extended Einstein tensor.

The Ricci tensor and scalar curvature are now computed in 5-dimensional space:

$$R_{AB} = \partial_C \Gamma^C_{AB} - \partial_A \Gamma^C_{CB} + \Gamma^C_{CD} \Gamma^D_{AB} - \Gamma^C_{AD} \Gamma^D_{CB}$$

$$R = g^{AB} R_{AB}$$

The new term Γ^C_{AB}, the Christoffel connection, includes derivatives of $g_{\mu w}$ and g_{ww}, introducing additional couplings between spacetime and the dimension w.

3. Gravitational Wave Model with Dimensional Interaction

Gravitational waves in general relativity are described as perturbations of space-time:

$$g_{\mu\nu} = \eta_{\mu\nu} + h_{\mu\nu}$$

where $\eta_{\mu\nu}$ is the (flat) Minkowski metric and $h_{\mu\nu}$ are small perturbations.

In 5 dimensions, this description extends:
$$g_{AB} = \eta_{AB} + h_{AB}$$

The perturbations now include $h_{\mu w}$ and h_{ww}, which represent interactions between gravitational waves and the gravitational dimension.

Extended Wave Equation
Gravitational waves obey the 5D wave equation:

$$
\Box_5 h_{AB} = 0
$$

where $\Box_5$ is the d'Alembert operator in 5D:

$$
\Box_5 = \Box_4 + \partial_w^2
$$

and $\Box_4 = \eta^{\mu\nu} \partial_\mu \partial_\nu$ is the d'Alembert operator in 4D.

If the term $\partial_w^2 h_{AB}$ is significant, it introduces additional frequencies and modulations in the gravitational waves.

Energy Transfer

The interaction between $h_{\mu\nu}$ and h_{ww} can be modeled as an energy loss towards w:

$$
\frac{dE}{dt} = -\alpha \int (\partial_w h_{AB})^2 \, d^4x
$$

where is a coefficient that measures the coupling between dimensions. This explains the loss of intensity observed in some gravitational events.

Mathematical Model Predictions

1. Modulations in the Frequency of Gravitational Waves

The waves will experience additional oscillations due to the coupling $\partial_w^2 h_{AB}$. This generates resonant frequencies that depend on the geometry of the gravitational dimension.

2. Wave Attenuation

The energy transferred to the gravitational dimension will cause a progressive attenuation of the amplitude, especially in high gravitational density events (black holes).

3. Anomalies in Local Curvature

The g components could generate residual gravitational effects, measurable as small anomalies in gravitational acceleration near dense masses.

Mathematical Projection: Resonant Waves

If the gravitational dimension is compactified (with a characteristic length L), gravitational waves could resonate in discrete modes:

$$f_n = \frac{n\,c}{2\,L}$$

where n is the resonant mode number. This would imply that certain frequencies of gravitational waves (for example, in black hole collisions) would be amplified or altered.

Let's develop a numerical example that illustrates how an additional gravitational dimension affects gravitational waves! We will focus on:

1. Calculation of a resonant frequency in the gravitational dimension

2. Modulation prediction for a specific gravitational event

3. Simulation of energy attenuation due to dimensional coupling

1. Resonant Frequency in the Gravitational Dimension

Suppose that the gravitational dimension w is compactified, that is, it has a characteristic length L. In this case, gravitational waves can generate resonances with specific frequencies:

$$f_n = \frac{n c}{2 L}$$

where:
- f_n: Resonant frequency for mode n.
- c : Speed of light ($3 \times 10^8 \, \text{m/s}$).
- L : Size of the gravitational dimension ($10^{-12} \, \text{m}$, typical in string theory).
- n : Resonant mode number ($n = 1, 2, 3, \ldots$).

<u>Numerical Calculation</u>

For n = 1 (first mode):

$$f_1 = \frac{1 \cdot (3 \times 10^8)}{2 \cdot (10^{-12})} = 1.5 \times 10^{20} \, \text{Hz}$$

For n = 2:

$$f_2 = \frac{2 \cdot (3 \times 10^8)}{2 \cdot (10^{-12})} = 3.0 \times 10^{20} \, \text{Hz}$$

These frequencies are in the range of high-energy gravitational waves, such as those generated by massive black hole collisions.

2. Modulation for a Gravitational Event

<u>Initial Assumption</u>

Let's consider a typical gravitational event:

• Two black holes of masses $M_1 = 30 \, M_\odot$ and $M_2 = 40 \, M_\odot$.

• Fusion at a distance of $D = 1 \, \text{Gpc}$ (approximately $3.1 \times 10^{25} \, \text{m}$).

• Main gravitational frequency: $f_0 = 100 \, \text{Hz}$ (LIGO range).

Influence of Dimension w

If the gravitational dimension generates a resonant modulation, the signal profile may include an additional frequency f_n :

$$h(t) = h_0 \cos(2 \pi f_0 t) + \epsilon \cos(2 \pi f_n t)$$

where:
- h_0: Amplitude of the main wave.
- ϵ : Relative amplitude of the modulation ($\epsilon \ll h_0$).

For $f_n = 1.5 \times 10^{20} \, \text{Hz}$, the modulations would be detectable as a small high-frequency fluctuation above the main signal.

3. Energy Attenuation by Dimensional Coupling

The energy transfer towards dimension w can be modeled as an exponential loss:

$$E(t) = E_0 e^{-\gamma t}$$

where:
- E_0: Initial energy of the gravitational wave.

- γ: Coupling coefficient towards the gravitational dimension.

Numerical guess

For a typical event:

- Initial energy $E\_0 = 10^{47} \, \text{J}$ (collision of black holes).
- Loss coefficient $\gamma = 10^{-20} \, \text{s}^{-1}$.

The energy after $t = 10^3 \, \text{s}$:

$$E(10^3) = 10^{47} e^{-10^{-20} \cdot 10^3}$$

Like $\gamma t \ll 1$:

$$E(10^3) \approx 10^{47} \, (1 - 10^{-17})$$

This indicates an extremely small, but cumulative energy loss on cosmological scales.

Conclusion of the Example

1. Resonance: A compactified dimension generates resonant frequencies that could be detected as modulations in the gravitational signals observed by LIGO.

2. Attenuation: The loss of energy towards the gravitational dimension is weak, but significant in high intensity and long duration events.

3. Experimental Predictions:

• Additional modulation in gravitational wave signals.

• Slight attenuation in the detected amplitudes.

Would you like to explore the mathematical analysis of detecting these modulations in LIGO data or calculate another specific feature?

Okay! Let's explore how modulations or anomalies introduced by a gravitational dimension could be detected in data from a detector like LIGO. We will focus on:

1. Modeling of Detected Signals

2. Fourier Analysis to Identify Modulation

3. Anomaly Detection Criteria

1. Modeling of Detected Signals

Gravitational wave detectors like LIGO record signals in the form of temporal perturbations h(t), including:

1. Main Component:

The expected gravitational wave according to general relativity:

$$h_{\text{GR}}(t) = h_0 \cos(2 \pi f_0 t)$$

where f_0 is the main frequency.

2. Modulation by Dimension w:

If a gravitational dimension exists, it introduces a secondary resonant frequency f_n:

h_{\text{mod}}(t) = \epsilon \cos(2 \pi f_n t)

where f_n \gg f_0 and \epsilon \ll h_0 .

3. Combined Signal:

The recorded signal would be the sum:

h(t) = h_{\text{GR}}(t) + h_{\text{mod}}(t) + \text{noise}(t)

Here, \text{noise}(t) represents the instrumental and environmental disturbances.

2. Fourier Analysis to Identify Modulation

To detect f_n, we perform a Fourier Transform on h(t), decomposing the signal in the frequency domain:

H(f) = \int_{-\infty}^\infty h(t) e^{-i 2 \pi f t} dt

This produces a frequency spectrum with peaks at f_0 (main frequency) and f_n (modulation frequency, if any).

Numerical guess

1. Main frequency: $f_0 = 100 \, \text{Hz}$.
2. Modulation frequency: $f_n = 1.5 \times 10^{20} \, \text{Hz}$ (first resonant mode in dimension w).
3. Relative amplitude: $\epsilon / h_0 = 10^{-6}$.

Practical Problem

LIGO's dynamic range does not directly cover f_n, but nonlinear interactions between f_0 and f_n could generate lower harmonics (combinations such as f_n - f_0).

3. Anomaly Detection Criteria

1. Detection of Harmonics in Accessible Frequencies

If f_n generates lower harmonics, these would manifest as additional peaks in the measurable frequency range ($\sim 10 \, \text{Hz}$ to $10^4 \, \text{Hz}$).

Numerical Example:

Nonlinear coupling could generate a peak at:

$$f_{\text{harmonic}} = f_n - k f_0, \quad k \in \mathbb{Z}$$

For k = 1:

$$f_{\text{harmonic}} = 1.5 \times 10^{20} \, \text{Hz} - 100 \, \text{Hz} \approx 1.5 \times 10^{20} \, \text{Hz}$$

This remains unobservable directly, but could create interference patterns at lower frequencies.

2. Total Energy Analysis

The presence of f_n could cause an observable energy loss:

$$\Delta E = \int |\epsilon \cos(2 \pi f_n t)|^2 dt$$

Comparing the signal energy with relativistic predictions, any discrepancy could suggest loss towards w.

3. Statistical Anomalies in Noise

If_n generates residual fluctuations in the low range, these could appear as small deviations in statistical noise analysis, detectable by techniques such as wavelet analysis.

Next Practical Steps

1. Simulation of Synthetic Signals:
Create artificial signals by combining $h_{\text{GR}}(t)$ and $h_{\text{mod}}(t)$ to evaluate how modulations affect detection.
2. Application to Real Data:

Use LIGO open data and apply Fourier and wavelet transforms to search for residual frequencies or unexplained harmonics.

3. Detector Optimization:

Design experimental instruments with sensitivity towards higher frequencies ($\sim 10^{20} \, \text{Hz}$) or towards non-linear harmonics.

Would you like to develop a mathematical simulation to generate a synthetic signal or advance in the analysis of real data?

Perfect! We will proceed with the analysis of real gravitational wave data to investigate possible indications of an additional gravitational dimension. Below are the steps to follow:

1. Acceso a Datos Públicos de LIGO/Virgo

Los datos de eventos detectados por LIGO y Virgo están disponibles públicamente a través del Gravitational Wave Open Science Center (GWOSC). Para este análisis, utilizaremos los datos del evento GW150914, la primera detección de ondas gravitacionales realizada por LIGO en 2015.

Enlace a los datos de GW150914:

2. Preparación del Entorno de Análisis

Para analizar los datos, es recomendable utilizar Python junto con bibliotecas especializadas en el procesamiento de señales de ondas gravitacionales. Una herramienta útil es GWpy, que facilita la manipulación y visualización de datos de LIGO/Virgo.

Instalación de GWpy:
pip install gwpy

3. Descarga y Visualización de los Datos

Utilizando GWpy, podemos descargar y visualizar los datos del evento GW150914. A continuación, se muestra un ejemplo de cómo hacerlo:

```
from gwpy.timeseries import TimeSeries

# Define the time interval around event GW150914
gps_start = 1126259462 # Start time in GPS
gps_end = 1126259474 # End time in GPS

# Download LIGO Hanford (H1) detector data
h1_data = TimeSeries.fetch_open_data('H1', gps_start, gps_end,
cache=True)
```

```
# View the data
h1_data.plot()
```

This code will download data from the LIGO Hanford detector
(H1) for the specified time interval and generate a plot of the
detected signal.

4. Analysis in the Frequency Domain

To identify possible modulations or harmonics that could indicate the presence of an additional gravitational dimension, we will
perform a Fourier Transform on the signal.

```
# Perform the Fourier Transform
h1_fft = h1_data.fft()
```

```
# Get the amplitude of the transform
h1_amplitude = abs(h1_fft)
```

```
# View the frequency spectrum
h1_amplitude.plot()
```

This procedure will allow us to observe the frequency spectrum
of the signal and detect peaks that correspond to possible harmonics or modulations.

5. Search for Harmonics and Anomalies

We will analyze the frequency spectrum in search of peaks that do not correspond to the frequencies expected according to general relativity. The presence of such peaks could suggest interactions with an additional dimension.

Considerations:
• Frequency Range: Although the resonant frequencies of an additional dimension could be extremely high, they are likely to generate harmonics in detectable frequency ranges (Hz to kHz).
• Signal Amplitude: The Modulations due to an additional dimension could have very small amplitudes, so it is essential to use appropriate filtering and amplification techniques.

6. Validation and Confirmation

Any anomaly detected must be carefully analyzed to rule out sources of instrumental noise or external interference. Collaboration with other detectors and comparison of data is crucial to confirm any findings.

Additional Resources
• GWpy Tutorial for Access to Public Data:
• Fourier Analysis of Gravitational Waves:

This approach provides a methodology for analyzing real gravitational wave data for hints of additional dimensions. It is an advanced field of research that requires a deep understanding of theoretical physics and signal processing.

The idea that gravity could be associated with an invisible extra dimension is a fascinating hypothesis that arises from theories such as string theory and models of compactified extra dimensions (e.g., Randall-Sundrum or ADD models). Although there is no direct evidence for this yet, the possibilities rest on how modern physics explains the fundamental interactions and the limitations of our current observation.

Arguments in favor of gravity as an extra dimension:

1. Weakness of Gravity:

Gravity is much weaker than the other fundamental forces (electromagnetic, weak nuclear and strong nuclear).

• In ADD models (Arkani-Hamed, Dimopoulos, Dvali), gravity is "dispersed" into additional dimensions, which would explain its apparent weakness in our 3D universe.

• In this framework, only gravitational particles (gravitons) could move freely between dimensions, while the other forces are confined to the 3 visible spatial dimensions.

2. String Theory and Quantum Gravity:

String theory requires the existence of extra dimensions (usually 10 or 11) to be mathematically consistent.

- In these theories, gravity is not an extra dimension per se, but is deeply influenced by extra dimensions compactified to very small scales ($\sim 10^{-35} \, \text{m}$).
- The effects of these dimensions could manifest themselves as small corrections to the observed gravitational laws.

3. Gravitational Waves and Extra Dimensions:

- If gravitational waves interact with additional dimensions, they could generate detectable signals (such as modulations or energy loss). Although LIGO and Virgo have so far not observed such anomalies, instrumental limitations leave this possibility open.

4. Unification of Forces:

- The additional dimensions could be key to unifying gravity with the other fundamental forces, resolving inconsistencies between general relativity and quantum mechanics.

Arguments against or challenges:

1. Absence of Direct Evidence:

- We have not observed significant deviations in gravitational laws at macroscopic or cosmological scales that indicate the existence of extra dimensions.

2. Compactification of Dimensions:

- In many models, the extra dimensions are "compactified" (rolled up to extremely small scales), making them virtually invisible to our current technology.

3. Experimental Limits:

• Experiments at particle colliders such as the LHC have placed restrictions on the energy scale at which additional dimensions could manifest. So far, no evidence of particles or phenomena associated with extra dimensions has been found.

4. Theoretical Nature:

• Although attractive, these ideas are not yet testable predictions in many cases. The lack of a clear prediction makes it difficult to distinguish between extra dimensions and other theoretical explanations.

Real Possibilities:

1. Submillimeter Scales:

Experiments designed to detect deviations in the law of gravity at scales smaller than 1 millimeter could confirm whether gravity "spills over" into extra dimensions.

2. Gravitational Waves and Resonances:

If gravity interacts with additional dimensions, it could generate detectable resonances at specific frequencies in experiments such as LIGO/Virgo.

3. Particle Colliders:

Extra dimensions could manifest in high-energy colliders as exotic particles or missing energies (gravitons escaping to extra dimensions).

4. Cosmology:

The influence of extra dimensions could be present in cosmological phenomena such as inflation, dark energy or anomalies in the microwave background radiation.

Conclusion:

The hypothesis that gravity is related to an invisible additional dimension is a viable idea within modern theoretical physics. However, its confirmation depends on experimental advances that allow the detection of associated effects, such as gravitational resonances or deviations from gravity on small scales. For now, extra dimensions remain an exciting, but speculative, possibility on the path to a unified theory of physics.